AF822933

KLEINE TEXTE FÜR VORLESUNGEN UND ÜBUNGEN

HERAUSGEGEBEN VON HANS LIETZMANN

1 Das Muratorische Fragment und die monarchianischen prologe zu den evangelien, hrsg. v. H. Lietzmann. 2. Aufl. 16 S. 0.30 M.
2 Die drei ältesten Martyrologien, hrsg. v. H. Lietzmann. 2. Aufl. 18 S. 0.40 M.
3 Apocrypha I: Reste d. Petrusevangeliums, d. Petrusapocalypse u. d. Kerygma Petri, hrsg. v. E. Klostermann. 2. Aufl. 16 S. 0.30 M.
4 Ausgewählte Predigten I: Origenes homilie X über den propheten Jeremias, hrsg. v. E. Klostermann. 16 S. 0.30 M.
5 Liturgische Texte I: Zur gesch. d. orientalischen taufe u. messe im 2. u. 4. jahrh., ausgew. v. H. Lietzmann. 2. Aufl. 16 S. 0.30 M.
6 Die Didache hrsg. v. H. Lietzmann. 3. Aufl. 16 S. 0.30 M.
7 Babylonisch-assyrische Texte, übers. v. C. Bezold. I. Schöpfung und Sintflut. 2. Aufl. 24 S. 0.40 M.
8 Apocrypha II: Evangelien, hrsg. v. E. Klostermann. 2. Aufl. 21 S. 0.40 M. [0.30 M.
9 Ptolemaeus Brief an die Flora, hrsg. v. A. Harnack. 10 S.
10 Die Himmelfahrt des Mose, hrsg. v. C. Clemen. 16 S. 0.30 M.
11 Apocrypha III: Agrapha, slavische Josephusstücke, Oxyrhynchusfr. 1911 hrsg. v. E. Klostermann. 2. Aufl. 26 S. 0.50 M.
12 Apocrypha IV: Die apokryphen briefe des Paulus an die Laodicener und Korinther, hrsg. v. A. Harnack. 2. Aufl. 0.40 M.
13 Ausgewählte Predigten II: Fünf festpredigten Augustins in gereimter prosa, hrsg. v. H. Lietzmann. 16 S. 0.30 M.
14 Griechische Papyri hrsg. v. H. Lietzmann. 2. Aufl. 32 S. 0.80 M.
15/16 Der Prophet Amos, Hebräisch und Griechisch, hrsg. v. J. Meinhold und H. Lietzmann. 32 S. 1.00 M. [0.80 M.
17/18 Symbole der alten Kirche, ausgew. v. H. Lietzmann. 32 S.
19 Liturgische Texte II: Ordo missae secundum missale romanum, hrsg. v. H. Lietzmann. 2. Aufl. 32 S. 0.40 M.
20 Antike Fluchtafeln hrsg. v. R. Wünsch. 2. Aufl. 31 S. 0.70 M.
21 Die Wittenberger u. Leisniger Kastenordnung 1522, 1523, hrsg. v. H. Lietzmann. 24 S. 0.60 M.
22/23 Jüdisch-aramäische Papyri aus Elephantine sprachlich und sachlich erklärt v. W. Staerk. 2. Aufl. 38 S. 1.30 M.
24/25 Luthers geistliche Lieder, hrsg. v. A. Leitzmann. 31 S. 0.60 M.
26/28 Lateinische christliche Inschriften mit einem anhang jüdischer inschriften, ausgew. u. erkl. v. E. Diehl. 2. Aufl. 86 S. 2.20 M.
29/30 Res gestae divi Avgvsti, hrsg. u. erkl. v. E. Diehl. 2. Aufl. 40 S. 1.20 M. [15 S. 0.40 M.
31 Zwei neue Evangelienfragmente hrsg. u. erkl. v. H. B. Swete.
32 Aramäische Urkunden z. gesch. d. Judentums im VI u. V jahrh. vor Chr. sprachl. u. sachl. erkl. v. W. Staerk. 16 S. 0.60 M.
33/34 Supplementum Lyricum (Archilochus Alcaeus Sappho Corinna Pindar) hrsg. v. E. Diehl. 2. Aufl. 44 S. 1.20 M.
35 Liturgische Texte III: Die konstantinopolitanische messliturgie vor dem IX jahrhundert v. A. Baumstark. 16 S. 0.40 M.
36 Liturgische Texte IV: Martin Luthers Von ordnung gottesdiensts, Taufbüchlein, Formula missae et communionis 1523 hrsg. v. H. Lietzmann. 24 S. 0.60 M.
37 Liturgische Texte V: Martin Luthers Deutsche Messe 1526 hrsg. v. H. Lietzmann. 16 S. 0.40 M.
38/40 Altlateinische Inschriften hrsg. v. E. Diehl.. 2. Aufl. 92 S. 2.40 M., gbd. 2.80 M.
1/443 Fasti Consulares Imperii Romani (30 v. Chr. – 565 n. Chr.) mit Kaiserliste bearb. v. W. Liebenam. 128 S. 3 M., gbd. 3.40 M.

KLEINE TEXTE FÜR VORLESUNGEN UND ÜBUNGEN
HERAUSGEGEBEN VON HANS LIETZMANN

116

DIE QUELLEN ZU HEINRICH VON KLEISTS MICHAEL KOHLHAAS

HERAUSGEGEBEN

VON

RUDOLF SCHLÖSSER

BONN
A. MARCUS UND E. WEBER'S VERLAG
1913

Auf des Berliner schulmannes und chronisten Peter Hafftiz (geb. um 1525 in Jüterbog, seit etwa 1550 in Berlin, wo er um 1602 starb) darstellung der geschichte Hans Kohlhasens und ihre verwendung durch Heinrich von Kleist hat bereits 1820 E. T. A. Hoffmann im 3. teil der „Serapions-Brüder“ hingewiesen (Grisebachs ausgabe der werke, Leipzig, Hesse, bd. VIII, s. 23), wobei er als Kleists quelle allerdings irrig Hafftiz' bis heute ungedrucktes „Mikrochronikon“ angibt, während dem dichter in wahrheit unzweifelhaft die „Nachricht von Hans Kohlhasen“ aus des gleichen verfassers damals ebenfalls nur handschriftlich vorhandenem kürzeren „Mikrochronologikon“ vorlag, die Schöttgen und Kreysig in ihrer „Diplomatischen und curieusen Nachlese der Historie von Obersachsen“ (1730f) wörtlich abgedruckt hatten. Durch Hoffmann angeregt, hat dann später Emil Kuh in Kolatscheks „Stimmen der Zeit“ (2. ausg. Leipzig 1861) die frage wieder angeschnitten, und ausser Hafftiz auch Balthasar Menz' (geb. zu Hervorden 1500, gest. als pfarrer zu Niemeck im sächsischen kurkreis 1585) „Stammbuch und kurtze Erzehlung vom Ursprung und Herkommen der Chur und Fürstlichen Heuser Sachsen, Brandenburg“ usw. (Wittenberg 1598), sowie Nicolaus Leutingers (geb. zu Alt-Landsberg 1554, gest. zu Osterburg in der Altmark 1612) „De Marchia Brandenburgensi eiusque statu Commentarii“ herangezogen. Eine neuere fruchtbare untersuchung über Kleists verhältnis zu diesen drei werken verdanken wir Otto Pniower („H. v. Kleists Michael Kohlhaas“, Brandenburgia, Monatsschrift für Heimatkunde der Provinz Brandenburg, dezember 1901; leicht verändert wiederholt in Pniowers buch „Dichtungen und Dichter“, Berlin 1912).

Der folgende abdruck der drei quellen erfolgt aus der auffassung heraus, dass Pniowers erörterungen die möglichkeit eines leichten zurückgehens auf die originale doppelt wünschenswert gemacht haben und dass die neuerdings von andrer seite aufgestellte behauptung von der fragwürdigen bedeutung der quellenschriften für Kleist beträchtlich über das ziel hinausschiesst. Für die reihenfolge des abdrucks war massgebend, dass Hafftiz, wie Kleists umfänglichste, so aller wahrscheinlichkeit nach auch seine erstbenutzte quelle war, welche ihn durch die von Schöttgen und Kreysig beigegebenen anmerkungen erst auf Menz und Leutinger verwiesen haben wird. Menz durfte, obwohl seine benutzung durch Kleist in frage gezogen worden ist, schon deshalb nicht übergangen werden, um eine nachprüfung dieser nicht unbedingt sicheren behauptung zu ermöglichen. Zu Leutinger ist verschiedenes zu bemerken. Pniowers angabe, dass seine „Commentarii“ erst über hundert jahre nach seinem tode erschienen seien, trifft nur insofern zu, als die drucke von Küster und von Krause, beide 1729, in der tat die ersten gesamtausgaben darstellen, während die an verschiedenen orten hergestellten drucke einzelner teile, soweit ich feststellen kann, schon mindestens 1593 begonnen haben, aus welchem jahr mir eine Wittenberger ausgabe der bücher X bis XII (nach Küsters zählung) vorliegt (im originaldruck als Pars IV, Liber I—III bezeichnet). Wenn unserm abdruck der Kohlhase-kapitel trotzdem die Küstersche ausgabe der Opera von 1729 zugrunde gelegt worden ist, so geschah das, weil Schöttgen und Kreysig, Kleists vermutliche anreger zur benutzung Leutingers, nach ihr zitieren. Dem ersten der unten wiedergegebenen beiden Kohlhase-paragraphen Leutingers (I, 69) mussten die anfangsworte des nächstfolgenden abschnitts (70) beigefügt werden wegen der von Kleist aufgegriffenen namensform „Christiern"; dem zweiten (III, 11) habe ich geglaubt das voraufgehende kapitel (10) vorausschicken zu sollen, teils weil darin brandenburgisch-sächsischer händel gedacht wird und der Däne Christiernus wiederkehrt, teils weil die vorstellung von dem aufenthalt der kurfürstin Elisabeth im kloster Lichtenberg an der Elbe Kleist zur erfindung der szene vor dem kloster Erlabrunn (Erich Schmidts ausgabe der werke bd. III, s. 170 ff) angeregt haben könnte. Vollständigkeit schien mir dabei geboten, um dem benutzer über die verbindung der paragraphen 10 und 11 miteinander keinen zweifel aufkommen zu lassen. Die ereignisse der ersten Leutingerschen Kohlhase-paragraphen (I, 69) beginnen 1522, da unmittelbar zuvor die erorberung von Rhodus durch sultan Soliman zu ende dieses jahres behandelt wird, und setzen sich, wie das Lemma zeigt, 1523 fort. Ueber den zeitpunkt der in III, 10—11 behandelten dinge könnte man in zweifel sein, da Leutinger in § 10 die flucht der kurfürstin Elisabeth nach Torgau 1528 und ihre übersiedlung nach Lichtenberg 1535 zusammenwirft, und die landung und gefangennahme Christians II. in Norwegen — jene Ende 1531, diese 1532 — chronologisch zu beiden daten nicht stimmen. Indessen ergibt sich aus der erwähnung der wahl Ferdinands I. zum römischen könig in § 9 und der begründung des Schmalkaldischen bundes in § 13 mit hinreichender deutlichkeit, dass Leutinger die verbrecherische tätigkeit Kohlhasens in und um Wittenberg auf 1531 ansetzt, wie übrigens auch Schöttgen und Kreysig annehmen (s. ihre anmerkung unten s. 6).

Die schreibweise der originalwerke ist buchstabengetreu wiedergegeben. Eine kleine verbesserung ist lediglich s. 11 z. 7 vorgenommen worden, wo „den von Zaschwitz" eingesetzt ist gegen „dan von Zaschwitz" bei Menz.

Darauf, dem abdruck der drei quellen die wiedergabe der älteren, unvollständigen fassung der Kleistschen erzählung aus dem „Phöbus" von 1808 folgen zu lassen, ist verzichtet worden, da die Phöbus-lesarten, ausser in Erich Schmidts ausgabe von Kleists werken, in der einzelausgabe des „Michael Kohlhaas" von Eugen Wolff („Meisterwerke von Heinrich von Kleist mit Erläuterungen", III, Minden i. W., ohne jahr) leicht zugänglich sind.

Ueber den geschichtlichen Kohlhase unterrichtet noch immer am ausführlichsten C. A. H. Burkhardts Schrift: „Der historische Hans Kohlhase und H. v. Kleists Michael Kohlhaas", Leipzig 1864.

I

Diplomatische
und curieuse
Nachlese
der Historie
von Ober-Sachsen
und angrentzenden Ländern,
Zu einiger Erläuterung derselben,
gehalten
von
Christian Schöttgen
und
George Christoph Kreysig.
Dritter Theil,
Nebst
einer in Kupffer gestochenen Land-Charte.
Dreßden und Leipzig,
bey Christoph Hekels seel. Sohn,
1731.

s. 528—541.

Nachricht von Hans Kohlhasen,
einem Befehder derer Chur-Sächsischen Lande.
Aus Petri Hafftitii geschriebener Märckischen Chronic.

Anno Christi 1540. Montags nach Palmarum, ist Hans Kohlhase, ein Bürger zu Cölln an der Spree, mit samt seinen Mitgesellen, George Nagelschmidt, und einem Küster, der sie gehauset, vor Berlin auffs Radt gelegt. Wie er aber zu diesem Unfall kommen, muß ich kürtzlich vermelden.

Dieser Hans Kohlhase ist ein ansehnlicher Bürger zu Cölln und ein Handelsmann gewesen, und sonderlich hat er mit Vieh gehandelt. Und als er auff eine Zeit schöne Pferde in Sachsen geführet, dieselbe zu verkauffen, welche ihm einer von Adel angesprochen, als hätte er sie gestohlen, (a)

(a) Günters von Zaschwitz Untersassen zu Melaun und Schnatitz hatten es auf ihres Junckern Befehl gethan. Mencius im Sächsischen Stamm, p. 186. 187. ed. a. 1598.

hat er die Pferde im Gerichte stehen lassen, auff des Edelmanns Unkosten, wofern er gnugsamen Beweiß brächte, daß er sie ehrlich gekaufft: oder im Fall, da ers nicht erweissen würde, der Pferde verlustig seyn wolte. Als aber Kohlhase davon gezogen, hat der Edelmann die Pferde etliche Wochen weidlich getrieben, und also abmatten lassen, daß sie gantz und gar verdorben: Derowegen hat Kohlhase auff seine Wiederkunfft, da er gnugsam Beweiß brachte, die Pferde nicht wieder annehmen, sondern bezahlet haben wollen. Und weil es der Edelmann nicht hat thun wollen, und Kohlhasen, ungeacht, daß es beym Churfürsten zu Sachsen ordentlicher Weise gesucht, (b) zu seinem Rechte nicht hat mögen geholffen werden, hat er dem Churfürsten zu Sachsen entsagt, (c) und darauff hart für der Zane einen reichen Seiden-Kramer von Wittenberg, Georg Reich genannt, beraubet, (d) seiner Frauen die Ringe vom Finger gezogen, was er bey sich gehabt, genommen, ihn weggeführet, und etliche Wochen an einem Orte, dahin niemand gekommen, auff einem beschlossenen Werder an der krummen Sprew in einem Berge, da er mit seiner Gesellschafft sein sicher Gewahrsam gehabt, gefänglich gehalten, biß er sich mit Gelde gelöset: Und hat sonst viel Nehmen gethan, biß endlich der Churfürst zu Sachsen sich erboten, einen Vertrag mit ihm auffzurichten, und zu Erörterung der Sache ihm zu Jüterbock einen Tag bestimt. Denselben hat Kohlhase in die 40. Pferde starck mit des Churfürsten darzu verordneten Räthen und stadlichen Beystand besucht. Ob nun wohl die Sache von beyder Churfürsten Räthen nach Nothdurfft berathschlaget, und zu Grunde vertragen worden, so haben doch die Sachsen solchen Vertrag nicht nachgesetzt. (e) Derowegen denn Kohlhase verursacht dem Churfürsten zu Sachsen auffs neue zu entsagen. Und weil damahls beyde Häuser, Brandenburg und Sachsen, in ein Mißverständniß gerathen, hat Kohlhase das Churfürstl. Brandenburgische Geleite, dergleichen des Ertzbischoffs zu Magdeburg im Stiffte leichtlich erhalten.

(b) Er hat vom alten und jungen Marggrafen zu Brandenburg Schreiben an den Churfürsten zu Sachsen gebracht, und den von Zaschwitz auf des gedachten Churfürsten Befehl erstlich für Bastian von Kötteritz Hauptmann zu Düben, hernach für Hansen Metzschen, Landvogt zu Wittenberg betagt. Mencius l. c.

(c) Der Absage-Brief ist an den Landvoigt zu Wittenberg geschickt worden. Mencius.

Dieses Wesen hat sich schon a. 1522. angefangen, wie Leutinger im I. Buch p. 49. edit. Küster. bezeuget.

(d) Ist a. 1533. geschehen, als er nach Juterbock zu Marckte fahren wollen. Hernach ist auch Kohlhase dem Gleitsmann zu Marzana auff dem Fleming bey nächtlicher Zeit ins Hauß gefallen, hat allen Muthwillen getrieben, letzlich den Wirth Preiß gegeben, und, nebst seinen Gesellen, mit Spiessen durchrennet. Mencius.

(e) Vielleicht solte sich auch wohl Sächsischer Seite hierbey etwas zu erinnern finden, wenn man die Acten sehen könte.

Derowegen er denn den Churfürsten zu Sachsen hefftig angegriffen, die Sächsische Dörffer an der Märckischen und Stifftischen Grentze gelegen, geplündert, das Städtlein Zane ausgebrannt, und grossen Schaden gethan, (f) daß der Churfürst zu Sachsen nothwendig gedrungen an den Churfürsten zu Brandenburg und Ertz-Bischoff zu Magdeburg um Einsehen zu haben zu schreiben.

Ob nun wohl beyde Churfürsten, der Brandenburgische und Mentzische, Kohlhasen in ihren Schutz und Geleite genommen, haben sie doch endlich gewilliget, daß ihn der Sachse solte suchen lassen, und wo er ihn betreten würde, wolten sie ihm Rechts zu ihm verstatten. Darauff verordnete der Churfürst zu Sachsen 24. reisige Pferde mit voller Rüstung mit langen Lantzen, die zogen hin und wieder im Ertzstifft um, und wo sie nur von Kohlhasen hörten, suchten sie ihn, und wolten ihn in Hafft bringen: und war doch keiner unter ihnen, der ihn kante. Und weil Kohlhase ein anschlägiger und unverzagter Mann gewesen, der seine Sache in guter Acht genommen, hat er offt mit den Sächsischen, die auff ihn geritten, in Krügen und Herbergen, da sie gewesen, gessen und truncken, ihre Anschläge gehöret, auch das Geld, so ihnen zur Zehrung nachgeschickt, bißweilen bekommen. Und weil zu der Zeit manch unschuldig Blut vergossen ward, und dahin gericht, der doch nie sein Diener gewesen, oder ihn gekannt, hat er offt dabey gehalten und zugesehen, wie sie gericht worden, solches dem Churfürsten zu Sachsen zugeschrieben, und zum guten Gemüth geführet, wie schwer ers zu verantworten hätte.

Als Anno Christi 1538. Freytags für Pfingsten zweene Schneider-Gesellen für das Closter Zinne gerädert worden, welche zu Jenickendorff in eines Bauren Scheune, darinn sie benächtiget, dieweil sie aus Furcht niemand beherbergen wollen, gefangen, hat Kohlhase bald in derselben Nacht die Räder lassen abhauen, und die Räder den Berg hinab gegen den Busch lauffen, die Cörper hinweg geführet, und mit zwey Hufnageln auff einen Zettel diß geschrieben, an dem einen Galgen steil auff dem Pferde sitzende angenagelt: O filii hominum, si vultis judicare, recte udicate, ne judicemini. Welchen Zettel wir am Pfingstabend, als wir mit unsern Praeceptoribus, dem alten Gebrauch nach, haben wollen Meyen hohlen, gefunden, herab genommen, und ich habe ihn selbst ins Kloster getragen, und dem Abte überantwortet. (g) Denn es war damahls der gott-

(f) Leutinger im 3. Buch p. 113. schreibet, er habe a. 1531. die eine Vorstadt vor Wittenberg vor dem Schloß-Thore anstecken lassen, und dadurch in der Stadt ein grosses Schrecken verursacht.

(g) Hieraus ist ein Umstand zu Hafftitii Leben zu ersehen, den Herr Schlicht in seinen Neben-Stunden weggelassen, daß er nehmlich zu Jüterbock in die Schule gegangen, welches gantz nahe bey dem Kloster Zinne lieget.

lose Gebrauch im Closter, wenn einer daselbst gerechtfertiget ward, so muste in allen Dörffern zum Closter gehörig, jeder Hüfner ein Ey, und ein Coster 6. Pfennige geben, welches eine grosse Summe trug. Das Geld bekam der Voigt, und um solches Geldes willen, habe ich manchen daselbst sehen richten, deme zu viel geschah. Itzo aber ist es gantz abgeschafft.

Es ist aber damahls eine starcke Rede gangen, (welche doch bald gestillt) daß Kohlhase in der Vorstadt zu Jüterbock einen Kasten soll gekaufft haben, die beyden Cörper darein gelegt, mit etlichen Schreiben an den Churfürsten zu Sachsen, und nach Wittenberg geführet, in eines vornehmen Bürgers Behausung, im Nahmen eines wohlbekannten Kauffmanns biß zu seiner Wiederkunfft denselben in Verwahrung zu nehmen, eingeantwortet. Als nun ein Tag oder zweene vergangen, hats im Hause angefangen übel zu stincken, daß man nicht gewust, wo es herkomme. Und da solches von Tag zu Tag überhand genommen, also daß man im Hause für Stanck nicht hat bleiben können, hat man den Kasten gerichtlich geöffnet, die beyden Cörper samt Kohlhasen Schreiben darinn befunden, dasselbe dem Churfürsten zu Sachsen zugeschickt, und die Cörper begraben lassen.

Darüber ist Kohlhase weiter und weiter zugefahren, einen Schaden über den andern in Sachsenland gethan, und viel Mühe und Arbeit angerichtet, daß also dem Churfürsten zu Sachsen ein groß Geld auf diese Sache gelauffen, welche man mit einem geringen im Anfange hat stillen können. Denn obwohl bißweilen die Sachsen ihm sehr nahe sind kommen, und vermeinet, sie wolten ihn ertappen, so ist er doch Steg und Weg kundig gewesen, hat so manchen Forth durch die Sprew und andere fliessende Wasser gewust, daß, wenn sie ihn gleich in einem Sacke zu haben, vermeinet, er gleichwohl im Hui durch die Wässer ihnen weit hat entgehen können.

D. Luther seeliger hat, in Erwegung und Beherzigung aller Umstände, und zu Verhütung weiter Ungelegenheit, so zu beyden Theilen daraus erwachsen könte, an Kohlhasen geschrieben, und vorwarnt von seinem Fürnehmen abzustehen, und hat ihm allerley zu Gemüthe geführet, was ihm darauff stünde, und wie GOtt seine Verletzung, wo er ihm die Ehre und Rache nicht würde geben, wohl würde an Tag bringen und rächen. Darauff ist Kohlhase unvermerckt gen Wittenberg selb ander reutende kommen, und im Gasthofe eingekehret, seinen Diener in der Herberge gelassen, und auff den Abend für D. Luthers Thür gegangen, angeklopffet und begehret den D. zur Sprache zu haben. Als aber der D. sein Gesind sich nahmkündig zu machen, und was sein Begehr wäre zu entdecken, ihme etliche mahl sagen lassen, welches er nicht hat thun wollen, und doch starck drauff gedrungen, er müste den D. in eigener Person zu Sprache haben, ists dem D. eingefallen, daß es vielleicht Kohlhase seyn möchte, ist deßwegen selbst an die Thür gegangen, und zu ihm gesaget: Numqvid tu es Hans Kohlhase? hat er geantwortet: Sum Domine Doctor. Da hat er ihn eingelassen, heimlich in sein Gemach geführet, den Herrn Philippum, Crucigerum, Majorem, und andere Theologen zu sich beruffen lassen, da hat ihnen Kohlhase den gantzen Handel berichtet, und sind späte bey ihm in die Nacht geblieben. Des Morgens frühe hat er dem D. gebeichtet, das hochwürdige Sacrament empfangen, und ihnen zugesagt, daß er von seinen Vornehmen wolte abstehen, und dem Lande zu Sachsen keinen Schaden hinfort zufügen, welches er auch gehalten. Ist also unerkennt und unvermerckt aus der Herberge geschieden, weil sie ihn getröstet, seine Sache befodern zu helffen, daß sie eine gute Endschafft solle gewinnen. Weil aber endlich auch nichts draus worden, daß sichs verweilet, und die Verfolgung der Sachsen nichts desto weniger für und für gewähret, hat ihm George Nagelschmidt sein Gesell gerathen, er solle den Churfürsten zu Brandenburg angreiffen, so würde er sich sein wohl annehmen, daß die Sache mit den Sachsen vertragen würde. Diesem folgete Kohlhase, aber sehr unbedacht, und unglücklich. Beraubte darauff den Conrad Dratziger des Churfürsten zu Brandenburg Factor, der ihm die Silber einkauffte, im Mansfeldischen und Stolbergischen Bergwerck, nahm eine Anzahl Silber-Kuchen, welche er eine halbe Meile dißeit Potzdam unter einer Brücken, die noch heutiges Tages Kohlhasen-Brücke heißt, in das Wasser versencket, nicht der Meinung solches zu behalten, sondern den Churfürsten dadurch zu verursachen, sich seiner anzunehmen. Aber dieser Anschlag gerieth gar übel. Denn nachdem des Churfürsten Geleit gebrochen, hat der Churfürst also fort Meister Hansen dem Scharffrichter, welcher ein ausbündiger Schwartzkünstler war, befohlen, (i) daß er ihm die Gäste solte in die Stadt Berlin schaffen, so wolte er sehen, wie er sie möchte zu Gehorsam bringen. Denn thäten sie das am grünen Holtz, was wolten sie wohl am dürren zu thun sich unterstehen? Darum hat Meister Hans der Scharffrichter durch seine Kunst so viel zu wege gebracht, daß Kohlhase mit seiner Gesellschafft hat müssen gen Berlin kommen. Da man nun seiner gewahr worden, hat der Churfürst an allen Ecken lassen ausruffen: Wer Kohlhasen oder seine Gesellen hausen und

(i) Ich habe diese Worte so, wie ich sie im Hafftitio gefunden, unverstümmelt eindrucken lassen: Es sey aber ferne von mir, daß ich den theuren Churfürsten dessen beschuldigen wolte, daß er von Zauberey viel gehalten. Sondern ich glaube vielmehr mit Leutingern, lib. XVIII. p. 639. daß man von ihm mehr vorgegeben, als zu beweisen stehet. Es war aber dieses ein Fehler derer damahligen Zeiten, daß man alle Klugheit und Geschwindigkeit, die man nicht so gleich begreiffen konte, der Zauberey zuschrieb.

hegen, oder bey welchen sie befunden würden, der solte am Leibe gestrafft werden. Darauff hat man hin und wieder so lange Haußsuchung gethan, biß man ihn im Gäßlein bey S. Nicolaus Schule, in Thomas Meißner Hause gefunden, da hat er samt seiner Haußfrauen in einem Kasten gelegen, und als man denselben eröffnet, ist er behend heraus gesprungen, denselben wieder zugeschlagen, und unverzagt gesagt: Hier bin ich, und trage in der Jopen, damit ich büssen und bezahlen kann, was ich mißgehandelt. Seine Haußfrau aber, weil sie niemand hat hausen dürffen, und mit schweren Fuß gangen, hat sie unter den Feuer-Leitern gegen dem Cöllnischen Rathhause über zweene todte Kinder gebohren, und wäre nicht Wunder, daß sie in solcher Noth wäre umkommen, wenn sie GOtt nicht erhalten, und zu mehr Creutz und Elend gesparet hätte.

Nachdem nun der Principal bekommen, hat man nach seiner Gesellschaft auch getrachtet. Hans Graßmuß, der auch ein ausbundiger Schwartzkünstler gewesen, ist hin und wieder auff den Dächern als eine Katze lauffende gesehen, biß er endlich entkommen. Und ob wohl ihn hernach viel guter Leute offt gefragt, wie er doch davon kommen? hat ers doch nicht sagen wollen. Es ist aber das Geschrey gangen, als solte er sich die Haare auff dem Haupt und im Bart mit einem kleinen Kam̃ gekämmet haben, daß sie grau worden, und wär in einem alten zerrissenen Bauer-Rock mit einem Messer ein Höltzlein in Händen schnippernde gehabt, also zum Thor durch die Wache gehende unerkannt hinauskommen.

Georg Nagelschmidt aber, der sein Handwerck verlassen, und ein Landsknecht war gewesen, darum er auch alles thurstig und freventlich gewagt, ist letzlich in Putelitzes eines Bürgers Behausung hart bey S. Georgen Thor hinter der Feuer Mauer stehend gefunden worden. Derowegen man auch denselben Bürger (ungeacht, daß er davon keine Wissenschaft gehabt) samt seiner Frauen hat gefänglich eingezogen, und auff dem neuen Marckt zum Berlin auff einem auffgerichteten Gerüste in primo fervore enthäuptet hat. Und ob man wohl der Frauen das Leben schencken wollen, hat sie es doch nicht thun wollen, sondern ehe sie beyde gerichtet worden, hat sie ihren Mann freundlich umfangen, und mit einem Kuß gesegnet. Und weil sie alle beyde alte verlebte Leute gewesen, sind sie auff einem Stuhl sitzend enthäuptet worden.

Nicht lange darnach hat der Churfürst zu Brandenburg den Sachsen einen peinlichen Zutritt und gerichtlichen Proceß wieder Kohlhasen verstattet, derowegen er den Montag nach Palmarum mit Nagelschmieden und dem Küster, der sie gehauset, ist fürs Gerichte gestellet, und von dem Sächsischen Anwalt, als der wider Käyserlichen Land-Frieden gehandelt, atrociter ist peinlich angeklaget worden. Darauff Kohlhase, dieweil er ziemlich beredt, etwas studiret und wohl belesen gewesen, seine Antwort dermassen ausführlich gethan, und den gantzen Handel nach allen Umſtänden über 3. Stunden von Anfang biß zu Ende nothdürfftig referiret und fürbracht, daß ſich des jederman drüber verwundert, und ihm Beyfall geben müſſen. Weil aber die Verbitterung ſo groß geweſen, iſt er zum Tode des Rades verurtheilet worden. Und ob man ihn wohl mit dem Schwerdt begnaden wollen, hat ihn doch der Nagelſchmidt abgehalten, daß ers nicht thun ſolte. Denn wenn ſie gleiche Brüder geweſen, ſo wolten ſie auch gleiche Kappen tragen. Sind alſo alle drey mit einander faſt hoch auff den Tag hinaus geführet, und auffs Rad gelegt, darauff Kohlhaſe lange Zeit und über einen Monat lang friſch geblutet. Es iſt aber, alsbald er gerichtet, dem Churfürſten zu Brandenburg leid geweſen, und wenns hernach hätte geſchehen ſollen, würde es wohl verblieben ſeyn. Aber GOtt hat ihm vielleicht ſein Ende alſo aufgeſetzt.

II

Stambuch vnd kurtze Erzehlung.

Vom vrſprung vnd

Hehrkomen der Chur vnd Fürſtlichen

Heuſer / Sachſen / Brandenburg / Anhalt vnd Lawenburg / ſampt etlichen derſelben Bildnüſſen wie ſie im Schloß zu Wittenberg zu finden.

Durch M. Balthaſar Mentzen.

[druckerstock]

Cum gratia & privilegio.

Wittemberg /

Gedruckt bey M. Georg Müller.

Anno M.D.XCVIII.

blatt Mv, vj.

JOhan Friderich Churfürſt zu Sachſen / Churfürſt Häſen vnd Fraw Sophien Sohn / ein Chriſtlicher frommer ehrlicher vnd hochlöblicher Herr / mit allen Fürſtlichen tugenden begabet / deſſen Ritterliche hochlöbliche thaten / bey jedermenniglich noch in friſcher gedechtnus / hat nicht weniger als ſein Herr Vater / wegen der Religion / Reuber / Mordbrenner vnnd andere feinde allerley gefahr / vñ anfechtung müſſen ausſtehen. So hat auch in angehender ſeiner Regierung Hans Kolhaſe ein Bürger von Berlin /

seiner Churf. Gnad. vnterthanen im Churkreis Sachsen abgesagt / vnnd ein gros schrecken vnter die Pawern bracht: Der vrsachen / das Günter võ Zaschwitz vntersassen zu Melaun vnd Schnatitz durch jres junckern befehlich / jme auff freier strassen zwene klöpper mit gewalt genomen / vnd öffentlich im vnters gesicht gesagt / das er dieselben gestolen hette. Weil er dann vom alten vnd jungen Marggraffen zu Brandenburg schreiben an den Churfürsten zu Sachsen bracht / võ den von Zaschwitz für den Heuptman Bastian von Kotteritz zu Dieben / vffs Churfürsten zu Sachsen befehlich dohin betagt / vnd darnach für den Landvogt zu Wittenberg / Hansen Metzschen / jm doch von gedachten Zaschwitzē kein abtrag worden / Als hat er dem Landvogt zu Wittenberg ein absagbrieff vberschickt / dorin er sich des von Zaschwitz vnnd des gantzen Landes zu Sachsen öffentlichē abgesagten feind erkleret / vnd wo er jemand bekomen / an henden vnd füssen zu lehmen / auch zu rauben / brennen / vnd sie hinweg zu führen vnd zu schatzen jm fürgenomen / bis so lang im võ Günter Zaschwitzen vor solche grosse injurien der bezüchtigung halben auch für den hohn / spot vnd schmach gentzlicher abtrag geschehe / dorauff auch Anno 1533. einen Wittenbergischen kramer / so nach Jüterbock zum jahrmarckt gefaren / auffgehalten / den wagen auffgehawen vnd alle wahre genomen. Darnach dem Gleitzmann zu Marzana auff den Fleming / bey nächtiger zeit ins haus gefallen / allen mutwillen getrieben / vnd letzlich den Wirth preis geben vnd mit seinen gesellen mit spiessen durchrennet / derwegen er als ein Landfriedsbrecher vnd strassenreuber zu Berlin eingezogen / vnd vff grosse vorbit mit dem schwerd gerichtet worden.

NICOLAI LEVTINGERI
OPERA OMNIA
QVOQVOT REPERIRI
POTVERVNT.
GEORGIVS GOTHOFREDVS
KVSTERVS
RECENSVIT,
EPITOMEN SINGVLIS LIBRIS, ET LEMMATA, VBI DEE-RANT, ADDIDIT, INDICEMQVE ADIECIT.
[druckerstock]
FRANCOFVRTI
SVMTV KNOCHIANO
MDCCXXIX.

Tomus I enthält die 22 ersten bücher der Commentarii ab anno M.D ad M.D.LXXX. Die beiden Kohlhaskapitel lib. I, 69 (s. 49f.), lib. III, 11 (s. 113f.); der dem letzteren von uns vergeschobene § 10 s. 112f.

Latro insignis, Colhasius

L. I, § 69. Dum haec tractantur, in Marchia oberrabat insignis latro, Colhasium vocabant, qui latrocinando Saxoniae, inprimis in tractu Vitebergensi, admodum infestus erat, & eo potentiae, fiduciae & audaciae processerat, vt manu militum latronumque turma coacta, improuisam irruptionem faciens formida-
XXIII
bilis multum esset, plurimumque damni inferret, suburbia incenderet, agros diriperet, villas spoliaret, incolas trucidaret, nescio quae alia molitus, & quia vires suas a Magia & astutia mutuaretur, nec vi prosterni aut insidiis circumueniri poterat, dissidio religionis ipsum nonnihil subleuante.

§ 70. Christiernus II. tunc Daniae rex — — —

Ioachimus Elector Luthero infensus.

L. III, § 10. Quo tempore priuatum inter Saxonem & Brandenburgicum dissidium aliquod gliscebat, quod ad Religionis diuersitatem initia & incrementa maxima ex parte referebat. Cum igitur hic pontificiae dignitatis studiosior esset, Euangelii doctrinam publice & priuatim domi & foris ita auersabatur, vt ob eam vel carissimos extreme odisset, & a priore conuersatione exclusos aditu quoque prohiberet. Qua occasione Elisabetha coniunx, quod se eo nomine apud Principem despectam haberi intellegeret, Lichtenbergum, quod est ad Albim monasterium, permissione Iohannis Electoris, ex cuius sorore Christina Daniae Regina patre Iohanne nata erat, concessit, & meliorem nacta oportunitatem saepe cum Luthero collocuta est. Hanc fortunam aliquantum Christierni II. Regis Daniae, fratris, clades adiuuit. Ipse enim armata cum classe ad vindicandam iniuriam in Danos bellum mouens captus est, & custodiae traditus a proceribus Regni & Friderico Rege filium quoque excellentis indolis per immaturam mortem amisit.

Elisabetha coniux concedit Lichtenburgum.

§ 11. In ea animorum abalienatione Colhasius Vitebergensibus plurimum incommodans, suburbium ad portam, quae ad arcem ducit, per incendiarium in cineres redigit, ciuesque eo metu complet, vt res caritatis nomine commendatas in cellis vinariis subtus terram occulerent, & reliquas fortunae committerent. Huius improbitatis administro aliquanto post, cum traditis literis ad praefectum ablegatum supplicio extremo obiecisset, debitam patrati sceleris mercedem persoluit. Agrum Marzanium duobus a Viteberga milliaribus disiunctum praedatorum turba stipatus diripit, & hospitem ad parietem pedibus per tres horas suspensum, egregieque exagitatum tandem perfodiens promptuariis euacuatis accolas, quos potest, grauiter multat. Quod cum in vrbe per illos, quibus ex officio & necessitate incumbebat, nunciatum esset, & praefectus iam adesset, tum primum per agrum Zinnensem fugam parans deiectione & demolitione pontium, viarumque notitia insequentes elusit. Situs est, qui ex una parte Marchiam, ex altera Episcopatum Magdeburgensem, ex tertia Saxoniam, & denique Lusatiam pertingit in vicinia territorii Zossensis, aliquot dominiis distinctus, & siluis densissimis per-

Colhasius incendit suburbium Vitebergense, caedes quoque facit,

horridus, huc elapsus, perruptione audaci periculum euasit. Multa hic praedator impune patrauit, donec cum Marchiae quoque, eiusque Principi molestias & iniurias cumulasset, currusque thesaurarios violenter tentasset, decurrente forsan ad metam fatalem malitia, ars delurderetur arte, in tectorum tegulis, in quibus latenter inhaerens reptitabat, comprehensus, & in vincula coniectus supplicio capitis poenam lueret. Cuius tamen mox iudicii lati Principem, cum quaedam plenius cognouisset, poenituit, viuumque potius se quam mortuum Colhasium malle dixit. His turbis materiam praebuerat nobilis quidam Saxo, a quo iniuste potentia oppressus, cum iure non liceret, armis iniuriam & rapinis vltus et, & cum multorum innocentum detrimento expiauit.

tandem poenam luit.

Frommannsche Hofbuchdruckerei (Hermann Pohle) in Jena — 4271

WILHELM VON HUMBOLDTS
SONETTDICHTUNG

VON

ALBERT LEITZMANN

IN GEDIEGENEM PAPPBAND
2 MARK 80 PF.

BONN 1912 / A. MARCUS & E. WEBERS VERLAG

A. Marcus und E. Weber's Verlag in Bonn

Altdeutsch

Von Ulfila bis Leibnitz

Zum Gebrauch für höhere Schulen ausgewählt und erläutert von

Karl Hessel

In Leinen gebunden 2,50 Mark

Die Stücke der vorliegenden Sammlung sind nicht nach wissenschaftlichen Gesichtspunkten ausgewählt, sondern so, daß sie nur nach Inhalt und Form mustergültige Abschnitte darbieten, die ungeheuchelte Freude und Begeisterung für unsere Vorzeit erwecken und die Schüler zu weiteren Studien anregen sollen.

Ausführliche Erläuterungen sind hinzugefügt über die Stellung der einzelnen Stücke und Dichter in der literarischen Entwicklung, Biographisches, Sprachliches und worüber sonst Lehrer und Schüler Aufklärung wünschen. Wörter und Formen, deren Sinn aus der Übersetzung nicht unmittelbar klar ist, sind in einem kleinen Wörterbuch erklärt.

Altdeutsch will in dem gemeinüblichen Sinn verstanden sein, daß damit die deutsche Vorzeit bis in den Anfang des 18. Jahrhunderts gemeint ist. Den Schriftstellern der neudeutschen Zeit vom 16. bis 18. Jahrhundert gönnen ja die deutschen Lesebücher meist auch schon ein Plätzchen, darum schien es angebracht, aus der Zeit vom 16. Jahrhundert ab hier wesentlich nur solche Proben darzubieten, die inhaltlich Sprache und Literatur ihres Zeitalters behandeln, wie besonders die letzten Abschnitte aus Opitz, Schupp und Leibnitz.

Besondere Beachtung schien das Volkslied zu verdienen. In ihm offenbart sich eine oft wundervolle Einheit von Wort und Weise; das Volkslied bleibt lebendig nur durch seine Melodie. Die vorliegende Volksliederabteilung, die, soweit deutsche Lesebücher in Betracht kommen, wohl den ersten Versuch darstellt, mit dem Texte auch die Weise zu Wort kommen zu lassen, will den Sinn für die Geschichte des deutschen Volksliedes wecken und schärfen helfen; sie will aber auch dazu beitragen, daß die Volkslieder im Gesange weiter getragen werden. Bei der Wahl von Text und Melodie wurde möglichst auf die ältesten Lesarten zurückgegriffen, ohne daß dabei spätere, aber wertvolle und durch ihre große Verbreitung als volkstümlich anzusprechende Formen zu kurz gekommen wären.

44/46 MENANDRI reliquiae nuper repertae hrsg. v. S. Sudhaus. 65 S. 1.80 M., gbd. 2.20 M. [mann. 64 S. 1.50 M.
47/49 LATEINISCHE ALTKIRCHLICHE POESIE ausgewählt v. H. Lietz-
50/51 URKUNDEN ZUR GESCHICHTE DES BAUERNKRIEGES UND DER WIEDERTÄUFER hrsg. v. H. Böhmer. 36 S. 0.80 M.
52/53 FRÜHBYZANTINISCHE KIRCHENPOESIE I: Anonyme hymnen des V—VI jahrhunderts ediert v. Dr. Paul Maas. 32 S. 0.80 M.
54 KLEINERE GEISTLICHE GEDICHTE DES XII JAHRHUNDERTS hrsg. v. A. Leitzmann. 30 S. 0.80 M.
55 MEISTER ECKHARTS BUCH D. GÖTTLICHEN TRÖSTUNG U. VON DEM EDLEN MENSCHEN hrsg. v. Ph. Strauch. 51 S. 1.20 M.
56 POMPEIANISCHE WANDINSCHRIFTEN hrsg. v. E. Diehl. 60 S 1.80 M.
57 ALTITALISCHE INSCHRIFTEN hrsg. v. H. Jacobsohn. 32 S. 0.80 M.
58 ALTJÜDISCHE LITURG. GEBETE hrsg. v. W. Staerk. 32 S. 1.00 M.
59 DES MIŠNATRAKTAT BERAKHOTH IN VOKALISIERTEM TEXT herausg. v. W. Staerk. 16 S. 0.60 M.
60 EDWARD YOUNGS GEDANKEN ÜBER DIE ORIGINALWERKE übersetzt von H. E. v. Teubern hrsg. v. K. Jahn. 46 S. 1.20 M.
61 LITURGISCHE TEXTE VI: Die Klement. liturgie a. d. Const. apost. VIII mit anhängen hrsg. v. H. Lietzmann. 32 S. 0.80 M.
62 VULGÄRLATEIN. INSCHRIFTEN hrsg. v. E. Diehl. 180 S. 4.50 M., gbd. 5 M.
63 GOETHES ERSTE WEIMARER GEDICHTSAMMLUNG mit varianten hrsg. v. A. Leitzmann. 35 S. 0.80 M., gbd. 1.20 M.
64 DIE ODEN SALOMOS aus dem syrischen übersetzt mit anmerkungen von A. Ungnad und W. Staerk. 40 S. 0.80 M.
65 AUS DER ANTIKEN SCHULE. Griechische texte auf papyrus holztafeln ostraka ausgew. u. erklärt v. E. Ziebarth. 23 S. 0.60 M.
66 ARISTOPHANES Frösche mit ausgewählten antiken scholien herausgeg. v. W. Süss. 90 S. 2 M., geb. 2.40 M. [56 S. 1.20 M.
67 DIETRICH SCHERNBERGS Spiel von Frau Jutten hrsg. v. E. Schröder.
68 LATEINISCHE SACRALINSCHRIFTEN ausg. v. F. Richter. 45 S. 0.90 M.
69 POETARVM VETERVM ROMANORVM reliquiae selegit E. Diehl. 165 S. 2.50 M., geb. 3.— M.
70 LITURGISCHE TEXTE VII: Die Preussische Agende im auszug hrsgeg. v. H. Lietzmann. 42 S. 0.80 M., geb. 1.— M.
71 CICERO PRO MILONE mit dem commentar des ASCONIVS und den SCHOLIA BOBIENSIA hrsg. v. P. Wessner. 1.60 M., geb. 2.— M.
72 DIE VITAE VERGILIANAE hrsg. v. E. Diehl. 60 S. 1.50 M.
73 DIE QUELLEN VON SCHILLERS UND GOETHES BALLADEN zusammengestellt v. A. Leitzmann. 51 S. 3 Abb. 1.20 M., geb. 1.50 M.
74 ANDREAS KARLSTADT VON ABTUHUNG DER BILDER und das keyn bedtler vnther den christen seyn sollen 1522 und die Wittenberger beutelordnung hrg. v. H. Lietzmann. 32 S. 0.80 M.
75 LITURGISCHE TEXTE VIII: Die Sächsische Agende im auszug hrsg. v. H. Lietzmann. 36 S. 0.80 M., geb. 1.— M. [1.— M.
76 AUSWAHL AUS ABRAHAM A. S. CLARA hrsg. v. K. Bertsche. 47 S.
77 HIPPOCRATIS de aere aquis locis mit der alten lateinischen übersetzung hrsg. v. G. Gundermann. 50 S. 1.20 M.
78 RABBINISCHE WUNDERGESCHICHTEN des neutestamentlichen zeitalters in vokal. text mit anmerkungen v. P. Fiebig. 28 S. 1.— M.
79 ANTIKE WUNDERGESCHICHTEN zum studium der wunder des Neuen Testaments zusammengest. v. P. Fiebig. 27 S. 0.80 M.
80 VERGIL AENEIS II mit dem commentar des Servius herausgeg. von E. Diehl. 131 S. 2.— M., geb. 2.50 M. [geb. 1.80 M.
81 ANTI-XENIEN in auswahl hrsg. v. W. Stammler. 68 S. 1.40 M.,
82 APOLLONIUS DYSCOLUS De pronominibus pars generalis edidit Dr. Paulus Maas. 44 S. 1.— M.

83 Origenes, Eustathius v. Antiochien, Gregor v. Nyssa über die Hexe von Endor hrsg. v. Erich Klostermann. 70 S. 1.60 M.
84 Aus einem griechischen Zauberpapyrus herausgeg. und erklärt von Richard Wünsch. 31 S. 0.70 M.
85 Die geltenden Papstwahlgesetze hrsg. v. F. Giese. 56 S. 1.20 M
86 Alte Einblattdrucke hrsgeg. v. Otto Clemen. 77 S. 1.50 M.
87 Unterricht der Visitatoren an die pfarrherrn im kurfürstentum zu Sachsen herausgeg. von Hans Lietzmann. 48 S. 1.— M.
88 Bugenhagens Braunschweiger Kirchenordnung hrsg. v. H. Lietzmann. 152 S. 2.40 M. [2.60 M., geb. 3.— M.
89 Euripides Medea mit scholien herausg. von Ernst Diehl. 116 S.
90 Die Quellen von Schillers Wilhelm Tell zusammengestellt v. Albert Leitzmann. 47 S. 1.20 M., geb. 1.50 M.
91 Scholastische Texte I: Zum Gottesbeweis d. Thomas v. Aquin zusammengestellt v. E. Krebs. 64 S. 1.50 M.
92 Mittelhochdeutsche Novellen I: Die heidin hrsg. v. L. Pfannmüller. 51 S. 1.20 M. [71 S. 1.50 M., geb. 1.80 M.
93 Schillers Anthologie-Gedichte kritisch hrsg. v. W. Stammler.
94 Alte und neue aramäische Papyri übersetzt und erklärt von W. Staerk. 73 S. 1.— M.
95 Mittelhochdeutsche Novellen II: Rittertreue. Schlegel hrsg. v. L. Pfannmüller. 63 S. 1.50 M. [64 S. 1.60 M.
96 Der Franckforter („eyn deutsch theologia") hrsg. v. W. Uhl.
97 Diodors römische Annalen bis 302 a. Chr. samt dem Ineditum Vaticanum hrsg. v. A. B. Drachmann. 72 S. 1.80 S.
98 Musaios, Hero u. Leandros m. ausgew. varianten u. scholien hrsg. v. A. Ludwich. 54 S. 1.50 M.
99 Authentische Berichte über Luthers letzte lebensstunden herausgegeben von Dr. J. Strieder. 42 S. 1.20 M.
100 Goethes römische Elegien nach der ältesten reinschrift hrsg. v. A. Leitzmann. 56 S. Brosch. 1.30 M., geb. 1.70 M.
101 Frühneuhochdeutsches Glossar von Alfred Götze. VIII u. 136 S. 3.40 M., geb. 3.80 M. [0.50 M.
102 Die Generalsynodal-Ordnung hrsg. von A. Uckeley. 20 S.
103 Die Kirchengemeinde- und Synodalordnung f. d. provinzen Preußen, Brandenburg, Pommern, Posen, Schlesien u. Sachsen hrsg. v. A. Uckeley. 36 S. 0.90 M. [64 S. 1.50 M.
104 Die rheinisch-westfäl. Kirchenordnung hrsg. v. A. Uckeley.
105 Mystische Texte aus dem Islam. Drei gedichte des Arabi 1240. Aus d. Arab. übers. u. erläutert v. M. Horten. 18 S. 0.50 M.
106 Das niederdeutsche Neue Testament nach Emsers übersetzung, Rostock 1530 hrsg. v. E. Weissbrodt. 32 S. 0.80 M.
107 Herders Shakespeare-Aufsatz in dreifacher gestalt mit anm. hrsg. v. F. Zinkernagel. 41 S. 1.— M.
108 Konstantins Kreuzesvision in ausgew. texten vorgelegt v. J. B. Aufhauser. 26 S. 0.60 M.
109 Luthers kleiner Katechismus der deutsche text in seiner geschichtlichen entwicklung v. J. Meyer. 32 S. 0.80 M.
110 Historische attische Inschriften ausgewählt u. erklärt von E. Nachmanson. 82 S. 2.20 M.
111 Ausgewählte Iliasscholien hrsg. v. W. Deecke. 2.40 M.
112 Supplementum Euripideum hrsg. v. H. v. Arnim. 80 S. 2.— M.
113 Svpplementvm Sophoclevm hrsg. v. E. Diehl. 33 S. 0.90 M.
114 Die Verfassung des deutschen Reiches vom Jahre 1849 hrsg. v. L. Bergsträsser.
115 Griechische Inschriften zur griechischen Staatenkunde ausgewählt v. F. Bleckmann.

Frommannsche Buchdruckerei (Hermann Pohle) in Jena. — 4271

FSC
www.fsc.org
MIX
Papier | Fördert gute Waldnutzung
FSC® C083411

Kolibri 360 GmbH
Ferdinand-Jühlke-Straße 7
99095 Erfurt, Deutschland
produktsicherheit@kolibri360.de